AF460252

# RAPPORT

sur la

## situation de l'élevage dans l'Amérique du Sud, notamment au Brésil,

et sur les

## Expositions bovines de Rio de Janeiro, Montevideo et Buenos Aires

présenté

**à la Commission des Fédérations suisses des syndicats d'élevage bovin**

par

**G. Lüthy**, gérant de la Commission, à Muri près Berne.

**Extrait de l'Annuaire agricole**
**:-: de la Suisse 1921 :-:**



**Lucerne**
Imprimerie Keller & Co.
1921

# Rapport sur la situation de l'élevage dans l'Amérique du Sud, notamment au Brésil, et sur les Expositions bovines de Rio de Janeiro, Montevideo et Buenos Aires,

présenté

**à la Commission des Fédérations suisses des syndicats d'élevage bovin**

par

**G. Lüthy,** gérant de la Commission, à Muri près Berne.

---

La Commission des Fédérations bovines recevait à la fin de mai 1920, par télégramme, une invitation émanant de l'attaché commercial de la Légation du Brésil à Londres, tendant à ce que la Suisse participât à l'Exposition de bétail organisée à Rio de Janeiro au commencement de juillet. Vu le peu de temps dont nous disposions — 5 semaines à peine —, la décision à prendre ne souffrait aucun retard. La Commission, après examen de la question, décida d'envoyer à la dite Exposition un lot de 15 têtes bovines appartenant à la race brune, à la race tachetée rouge et à la race tachetée noire. Les préparatifs furent bientôt faits, de sorte que tous les sujets composant le lot étaient réunis à Arth le 9 juin où ils étaient enwagonnés. Dans l'intervalle, M. J. Carneiro, l'attaché commercial de la Légation précitée, avait pris les mesures nécessaires pour l'embarquement des animaux au Havre. Le vapeur „Amiral Villaret de Joyeuse", retenu pour le transport de ceux-ci, n'a toutefois pu quitter le port que le 20 juin, au lieu du 15.

Le 31 mai, un second télégramme, adressé depuis Paris par M. Carneiro, invitait le soussigné à accepter les fonctions de *membre du jury dans le groupe des races laitières* à l'Exposition de Rio de Janeiro. Au premier abord, votre serviteur n'attacha pas grande valeur à cette invitation par télégramme, mais, réflexion faite, il lui parut qu'il serait cependant intéressant de se rendre compte sur place des conditions de l'élevage dans l'Amérique du Sud et d'étudier la possibilité d'y exporter du bétail d'élevage suisse. Il fut encouragé d'ailleurs dans cette idée par toutes les personnes, officielles et autres, qu'il consulta et se décida finalement à accepter la nomination qui lui était offerte. Sa décision a été influencée aussi notamment par les relations d'amitié qui le lient à M. Carneiro, l'attaché commercial de la Légation du Brésil à Londres, dont le frère, M. le *Dr. Otavio Barboza Carneiro,* était le Président de l'Exposition.

Votre serviteur ne pouvait toutefois se décider à entreprendre ce long voyage tout seul. A sa demande, un compagnon fut désigné, en la personne de M. *Bürgi* fils à Arth, lequel du reste, depuis longtemps, avait manifesté l'intention de se rendre dans l'Amérique du Sud pour y étudier les possibilités d'écoulement de bétail suisse. Au dernier moment, enfin, M. le lieutenant-colonel *J. Iseli* à Spiez, l'éleveur bien connu, se décida aussi à se joindre à nous et à nous accompagner dans cette tournée d'exploration.

Nous quittions Berne le 16 juin dans l'après-midi, et nous embarquions le 18 au soir à Cherbourg à bord du vapeur anglais „Andes". La traversée s'effectua dans les meilleures conditions. Nous devons renoncer à retracer ici les impressions que nous avons ressenties pendant les trois semaines qu'elle dura. Il faut avoir vu l'île de Madère, le groupe des îles du Cap Vert, avec leurs sémaphores gigantesques pour la télégraphie sans fil, ou avoir contemplé la mer par le soleil des tropiques, pour pouvoir se rendre compte des beautés d'un voyage sur mer. Et, cependant, lorsque le passager aperçoit la terre ferme, sur laquelle il mettra bientôt le pied, il se sent plus à l'aise et se réjouit de retrouver le „plancher des vaches". La côte brésilienne se présente bientôt à nous, couronnée de montagnes assez élevées et décorée de sa belle végétation tropicale.

Le navire faisait son entrée le 6 juillet, dans la matinée, dans le port grandiose de Rio de Janeiro. Nous fûmes reçus par des membres du comité de l'Exposition et une délégation du Ministère de l'agriculture. Notre logis avait été retenu à l'Hôtel Moderne (à 15 km environ de l'Exposition).

Nous eûmes la surprise désagréable d'apprendre que le vapeur „Amiral Villaret de Joyeuse" transportant nos animaux n'arriverait à Rio de Janeiro que vers la fin de juillet, ce qui voulait dire que notre bétail arrivait trop tard pour concourir à l'Exposition.

L'Exposition fut ouverte, selon programme, le *4 juillet* en présence du Président de la République et des Ministres. Elle ne durait pas 10 jours, comme l'indiquait par erreur le télégramme, mais 8 jours seulement, soit du 4 au 11 juillet. Malgré cela, nous adressâmes une requête au Comité d'organisation demandant que la durée de l'Exposition soit prolongée. La réponse fut négative comme il fallait s'y attendre. Le président de l'Exposition, tout en exprimant ses regrets, promit de faire tout son possible pour nous être agréable; il donna les ordres de loger confortablement nos animaux dans les écuries de l'Exposition et d'assurer la vente de ceux-ci aux meilleures conditions. N'ayant pas le choix, nous acceptâmes ces propositions. Nous rendons hommage à la prévenance et à la bienveillance du Président de l'Exposition, qui, par son influence et ses dispositions, nous a évité un échec certain. D'une manière générale, M. O. Carneiro n'a rien négligé pour faciliter notre tâche et notre séjour dans la capitale du Brésil; nous lui en savons gré et lui exprimons derechef notre pleine et entière reconnaissance. Toutes ces difficultés et ces complications ne seraient pas survenues si, en avril ou en mars déjà, nous avions été avisés de la tenue de l'Exposition.

Dès le deuxième jour, nous prenions nos fonctions de membre du jury dans la division du bétail laitier; la race brune y était bien représentée, par 67 sujets, la race tachetée rouge par une vingtaine; la race tachetée noire par contre n'accusait aucun représentant. Figuraient entre autres dans cette division les races hollandaise, normande, flamande ainsi que les races beurrières de Jersey et Guernsey. Voici d'ailleurs dans quelle proportion les races étaient représentées à l'Exposition:

| |  |  |
|---|---|---|
| 1. | Zébu | 294 |
| 2. | Caracu | 14 |
| 3. | Hereford | 301 |
| 4. | Polled-Angus | 20 |
| 5. | North-Devon | 16 |
| 6. | Shorthorn | 39 |
| 7. | Red-Polled | 20 |
| 8. | Simmental | 20 |
| 9. | Schwyz | 67 |
| 10. | Limousine | 16 |
| 11. | Normande | 15 |
| 12. | Flamande | 13 |
| 13. | Hollandaise | 108 |
| 14. | Guernsey | 20 |
| 15. | Jersey | 30 |
| 16. | Race du pays (Animaes Nacionaes) | 12 |
| 17. | Red-Lincoln | 5 |
| 18. | Bétail laitier de diverses autres races | 7 |
| | Total | 1027 |

Présentation de reproducteurs primés de la race Hereford à la 3me Exposition bovine de Rio de Janeiro.

Le Comité eut l'amabilité de faire appel également aux lumières de MM. Iseli et Bürgi dans l'examen des résultats d'appréciation des sujets de la division laitière. Sur le désir du Comité, nous procédâmes à l'examen de plusieurs groupes (de 3 à 5 sujets) d'animaux appartenant aux races à viande Shorthorn, Hereford et Polled-Angus, que le jury avait déjà appréciés et qui étaient exposés par des éleveurs argentins et uruguéens. Une fois les opérations du jury terminées, nous avons pu examiner à loisir tous les sujets exposés et étudier à fond les diverses races représentées.

Bien que le Brésil ait invité quelques pays (Argentine, Uruguay, Pays-Bas et Suisse) à participer à l'Exposition, celle-ci ne revêtait pas précisément un caractère international; elle s'intitulait d'ailleurs *„3e Exposition nationale de l'espèce bovine“*. Les animaux provenant d'autres pays étaient au fond „hors concours“. Des prix d'honneur ont été néanmoins attribués à divers groupes de sujets exposés par les éleveurs argentins et uruguéns, ceci sans doute parce que les puissantes associations agricoles de ces pays avaient également fait don de prix d'honneur. Nous devons prendre note de cela si nous voulons participer à d'autres expositions de ce genre. L'envoi aux expositions de l'Amérique du Sud de lots bien choisis de sujets de nos races suisses constitue le meilleur moyen de faire connaître et apprécier notre bétail. Il faut donc faire une *plus grande propagande* que par le passé dans ces pays qui *achèteraient volontiers nos animaux.* Quant à concourir pour la viande avec les races anglaises, bien représentées du reste dans ces pays, il n'y faut pas songer. Nous avons pu nous en rendre compte encore aux deux autres expositions de Montevideo et de Buenos-Ayres, sur lesquelles nous reviendrons plus tard.

L'élevage brésilien est encore bien en retard. Au fond, ce n'est que maintenant qu'on s'occupe sérieusement d'améliorer les races bovines du pays. Il est vrai de dire que l'Exposition de Rio de Janeiro ne pouvait donner une image complète de l'élevage au Brésil, puisque ce vaste pays n'est pas doté de voies de communications suffisantes pour permettre aux diverses régions d'amener des animaux à Rio de Janeiro. Quoiqu'il en soit, une amélioration se produira inévitablement avec le temps, à mesure que les moyens de communication deviendront meilleurs, que la lutte contre la „Tristeza“ deviendra plus efficace et que la question des races amélioratrices sera élucidée.

Mais l'amélioration d'une race ne s'obtient pas seulement par l'infusion d'un sang nouveau; il faut aussi que les éleveurs améliorent les méthodes d'élevage. Or, au Brésil, les indigènes, la plupart du moins, n'ont aucune idée des soins à donner aux animaux appartenant aux races sélectionnées, pas plus qu'ils n'en connaissent le mode d'affouragement. Il faudrait donc, si jamais le bétail suisse trouvait preneur dans ce pays, que des Suisses connaissant bien le bétail s'expatriassent pour aller faire l'éducation des éleveurs brésiliens. Mais ce ne sera pas facile.

Enfin, l'arrivée du vapeur transportant notre bétail était annoncée. Nous prîmes les mesures nécessaires pour assurer le prompt déchargement, le transport et le logement des animaux, ce en quoi nous fûmes secondé par le président de l'Exposition, qui mit à notre disposition le camion du jardin botanique et son propre automobile.

Comme un malheur n'arrive jamais seul, le chef du convoi, M. Barben, nous apprenait à l'arrivée que deux bêtes avaient péri pendant la traversée par suite de fièvre aphteuse (une superbe vache de la race tachetée rouge et blanche et une génisse de la race brune). Quelques animaux présentaient encore des traces de la maladie, à divers degrés, tandis que les autres étaient en parfaite santé et en assez bon état. Il fallait craindre que le service sanitaire brésilien ne refusât l'entrée de notre convoi dans l'enceinte de l'Exposition; il n'en fût rien heureusement, et le vétérinaire-inspecteur ordonna le transfert immédiat des 13 sujets composant notre lot dans les écuries préparées pour eux. A ce moment, les écuries de l'Exposition contenaient encore quelques centaines de pièces de bétail appartenant à des Anglais, des Hollandais et des Italiens, qui cherchaient à les vendre. Il y a tout lieu de croire que si notre bétail était arrivé pendant l'Exposition, la décision de l'autorité sanitaire vétérinaire eût été tout autre.

Par le fait que quantité de gros propriétaires fonciers brésiliens, venus pour l'Exposition, se trouvaient encore à Rio de Janeiro à cette époque-là, les visiteurs furent nombreux dès le déchargement des animaux. Mais, dès le premier instant, on eut l'impression que les éleveurs brésiliens, de peur de perdre au bout de peu de temps, des animaux non immunisés contre la Tristeza, ne voulaient pas mettre le prix. Aussi, la vente des 13 animaux fut assez longue et ennuyeuse. Finalement, les sujets des races brune et tachetée rouge ont pu être vendus à des prix rémunérateurs et encourageants pour l'avenir. La race tachetée noire n'étant pas connue au Brésil, les trois sujets de cette race n'ont pas trouvé preneur. Pour en finir, nous adressâmes une requête au Ministère de l'Agriculture, en offrant les animaux pour un des établissements de l'Etat. Mais, il a fallu bien des démarches et de longs pourparlers, même auprès du Ministre lui-même, M. le Dr. *Idelfonso Simões Lopes*, pour obtenir, au bout d'un mois, une réponse favorable. Pendant tout le temps que les animaux séjournèrent dans les écuries de l'Exposition, M. Iseli a bien voulu se charger de la vente de ceux-ci et renseigner les visiteurs sur les qualités de nos races. Il s'en est d'ailleurs très bien tiré et a droit à notre reconnaissance.

En attendant l'arrivée du navire, nous avons, grâce aux démarches faites par M. O. Carneiro et sous la conduite de M. le Dr. Charles *Coureur,* vétérinaire belge attaché depuis plusieurs années au Ministère brésilien de l'Agriculture, direction de l'„Industrie pastorile“, visité plusieurs grandes exploitations et Facendas, dans lesquelles se trouvent des sujets de la race brune et aussi de la race tachetée rouge, soit purs, soit croisés. Nous nous sommes rendus d'abord au domaine de l'Etat au *Poste zootechnico de Pinheiro,* distant d'environ 3½ heures de chemin de fer de la capitale. C'est une exploitation modèle dans laquelle on tient les races les plus diverses de bétail d'origine brésilienne et européenne. Les animaux sont observés au point de vue de leur acclimatation et de leur adaptation et sont soumis à des épreuves de productivité. Le domaine comprend 2000 ha; c'est donc, aux yeux des Brésiliens, une petite Facenda, alors que nous envisageons un domaine de cette étendue comme une toute grande exploitation. Les étables bien conçues renferment entre autres un certain nombre de sujets de la race brune et de la race tachetée rouge achetés en Suisse en décembre 1919 par M. J. Carneiro pour le compte du gouvernement brésilien. Sur les 80 têtes, quelques-unes seulement ont péri de la „Tristeza“. Ces animaux ont bien conservé leurs formes et leur allure, mais ne sont pas assez en chair par le fait du mauvais fourrage avec lequel ils sont nourris. Nous avons été faire un tour à cheval sur le domaine; cette visite nous a permis de constater que l'exploitation des terres laissait fort à désirer, bien qu'il s'agisse d'une propriété de l'Etat et que la main-d'œuvre y soit bon marché. Le terrain n'est pas plat; c'est une suite de valonnements ou même de petites collines s'élevant jusqu'à 50 à 100 mètres. C'est là d'ailleurs l'aspect de la campagne dans l'Etat de Rio de Janeiro. Cette configuration du terrain ne se prête guère à l'emploi des machines agricoles. Cependant, nous avons vu fonctionner des charrues Brabant doubles, que savent à peine manier les nègres ou les mulâtres. On nous apprend d'ailleurs qu'à l'époque de l'esclavage toute la région était plantée en café. Depuis l'émancipation des esclaves, ces terrains sont restés incultes; petit à petit, ils sont rendus à la culture, en tout cas à l'élevage du bétail et servent de pâturage.

L'élevage du porc est très bien compris dans l'établissement d'élevage de Pinheiro. Les porcheries sont bien établies; on y élève essentiellement des sujets des races Durok, Jersey et Berkshire; il y en a peu appartenant aux races blanches.

Du Poste fédéral de Pinheiro, nous nous sommes rendus dans une autre grande ferme (2000 ha), située sur l'autre rive du Parana et appartenant à M. le Dr. Jonquierre. *Paysandu,* c'est le nom de la Facenda, compte 880 têtes de bétail de la race brune, la plupart croisées mais présentant encore le type de la race. Les animaux sont en meilleur état que ceux de la ferme de l'Etat. Les pâturages de Paysandu sont d'ailleurs plus plats et mieux situés. En infusant dans ce troupeau du sang nouveau de taureaux provenant directement du berceau de la race, on obtiendrait une amélioration notable des animaux. Le lait est livré à l'établissement de pasteurisation situé près d'une gare à 30 minutes de la ferme, au prix de 30 Reis le litre. Les prix sont à la hausse, de sorte que l'industrie laitière dans cette région va sûrement se développer. Le rendement laitier s'élève, au dire du propriétaire, à 8 litres en moyenne par jour, quantité qui doit être considérée comme très satisfaisante pour le Brésil. Par une culture appropriée et une bonne fumure, on arriverait certainement à tripler le rendement du domaine. Mais, pour l'instant, à ce qu'on nous assure, la culture intensive n'est pas rentable.

M. le Dr. Jonquierre attribue une importance énorme à l'ascendance et aux déclarations d'origine, puis aussi aux épreuves de productivité, dont les résultats doivent trouver leur application dans la pratique. Il n'achète pas d'animal sans papier bien en règle et sans le certificat de productivité de la mère.

De là, nous dirigeâmes nos pas du côté de l'Ouest à destination de la Facenda de M. Rodiguez Peixoto, Santa Cecilia à Volta Redonda. Le configuration du sol est encore mamelonnée, mais moins que dans les régions décrites ci-dessus. La superficie des terres atteint 3000 ha. L'exploitation de M. Peixoto est considérée au Brésil comme modèle. Le troupeau compte 1000 sujets, desquels 60 de race brune pure. Les autres animaux sont issus du croisement entre la race du pays, appelée *Caracu* et la race brune. On rencontre aussi quelques sujets présentant un manteau tacheté jaune et blanc et considérés par le propriétaire et les bouviers comme appartenant à la race du Simmental; ils n'en ont tout au plus que la couleur! Il faudrait renouveler le sang du troupeau de race brune par l'importation de taureaux d'origine suisse. Mais, pour des raisons que M. Peixoto ne nous indique pas, celui-ci ne peut se décider à acheter un des taureaux de notre convoi.

Par une exploitation plus intensive, on pourrait obtenir un rendement bien supérieur du domaine et des étables. En améliorant le troupeau et en fourrageant mieux les animaux, la production serait relevée du double en peu de temps. Mais le mulâtre qui dirige l'élevage nous paraît être meilleur cavalier qu'éleveur.

C'est ici que nous avons pu nous rendre compte de la maladie *„la Tristeza"* provoquée par des insectes les *„Carapattes"*. Cette maladie est bien l'ennemi le plus terrible de l'élevage du bétail au Brésil et l'obstacle le plus grand à l'importation dans ce pays d'animaux de races sélectionnées d'origine européenne, attaqués surtout par l'insecte.

Les insectes pénètrent jusque dans la peau des bêtes et en sucent le sang. Nous avons vu des animaux qui en était littéralement couverts, en tout cas sur toutes les régions que l'animal, par ses défenses, ne peut atteindre. Et pourtant la ferme possède un bassin dans lequel les animaux sont chassés pour prendre un bain médicinal et insecticide. Nous avons vu une centaine de bêtes chassées dans le bassin qu'elles doivent traverser en partie à la nage; un employé, armé d'une

**Produits de l'élevage sur le domaine de Rémanso près Sobrazy. Etat de Minas-Geraes.**

espèce de trident, au passage de chaque animal, appuie fortement sur les cornes et la nuque et plonge ainsi la tête entière dans la solution de Sarnol.

Nous avons vu dans cette ferme les installations telles qu'elles fonctionnaient auparavant pour la culture du café, à laquelle 5000 esclaves étaient jadis occupés. Aujourd'hui, le domaine presque entier est voué à la culture herbagère. La croissance de l'herbe était arrêtée à notre passage, car c'était l'hiver. On ne l'aurait pas cru, puisque le soleil était encore plus chaud que chez nous en juillet! Les animaux de races sélectionnées étaient alors nourris à l'étable à l'aide de canne à sucre passée au hâche-paille. Un chariot à roues pleines d'aspect antique, attelé de 8 gros bœufs, au pas lent, amenait le fourrage depuis un champ voisin. On a l'impression d'ailleurs que, dans ces pays, le proverbe anglais „Time is money“ n'est pas connu. Il est vrai de dire que la chaleur accablante empêche les gens de travailler comme on en a l'habitude chez nous.

Le Brésil est un pays qui renferme de *grandes richesses* et qui est appelé à prendre un grand essor. Son sol est fertile et ne demande qu'à être travaillé. Lorsqu'il aura été débarrassé des broussailles, des buissons etc., en un mot, lorsqu'il aura été défriché et mis en état de culture, il donnera de magnifiques récoltes et, dans les régions propices, un bon herbage. On voit, même dans le voisinage de gares et de grands centres, des domaines dont une petite partie seulement est mise en culture; le reste sert de pâturage ou n'est même pas encore débroussaillé. Si ce n'était le climat tropical de diverses régions, pernicieux à ceux qui n'y sont pas habitués, l'Européen trouverait au Brésil un champ d'activité immense et fécond.

Le Brésil est riche aussi en métaux de toute sorte, en pierres précieuses, en bois les plus fins et les plus recherchés. La végétation, surtout des forêts vierges, y est d'une vigueur étonnante, accumulant depuis des siècles dans le sol des réserves d'éléments nutritifs. Et pourtant, en plein XX^e^ siècle, la culture du sol est encore très arriérée.

Au printemps de 1920, la Commission des Fédérations suisses des syndicats d'élevage bovin recevait un mémoire émanant de M. Horacio Carneiro, frère de M. J. Barboza Carneiro, intitulé: „De quelle façon faut-il s'y prendre pour faire une propagande efficace au Brésil pour le bétail suisse?“

Le comité directeur n'a pas manqué de vouer à cet exposé toute son attention et de l'examiner dans une de ses séances à Lucerne. Mais, nous ne pensions pas que si peu de temps après, nous aurions l'occasion de visiter nous-même l'exploitation agricole de M. le Dr. O. Carneiro. Le 17 juillet, nous arrivions, après 5 à 6 heures de trajet en chemin de fer depuis Rio de Janeiro (234 km), à la gare de Sobrazy et à la Facenda de M. Carneiro d'une superficie de 536 ha et située à l'altitude moyenne de 480 m. Nous nous trouvons ici dans le bassin du Parahyba, lequel sépare l'Etat de Minas-Geraes de celui de Rio de Janeiro. Cette région paraît être très propice à l'élevage du bétail et à l'industrie laitière. Les montagnes s'élèvent jusqu'à une hauteur de 3000 m. Nous sommes montés jusqu'à 1200 m et reparlerons plus tard des pâturages que nous avons parcourus.

D'après les renseignements recueillis, c'est bien dans cet Etat, d'une superficie de 600,000 km² (15 fois plus grande que celle de la Suisse), que l'industrie laitière a fait le plus de progès au Brésil. L'élevage bovin se pratique notamment dans la partie Sud, tandis que dans le Nord de l'Etat de Minas-Geraes, l'élevage du cheval et du mulet est en honneur. Une grande partie du bétail de boucherie nécessaire à l'alimentation des 1,5 millions d'habitants que compte Rio de Janeiro provient de cet Etat. Le reste arrive de plus loin, des Etats Matto-Grosso et Goyaz, d'où les animaux parcourent le trajet à pied (2 à 3 mois); ils perdent énormément de leur poids pendant ces longues marches et doivent être réen-

Meule de foin, auprès de laquelle on aperçoit des animaux de races brésiliennes ou issus de croisements, domaine de Rémanso près de Sobrazy, Etat de Minas-Geraes.

graissés sur les pâturages des Etats de Minas-Geraes et de Rio de Janeiro avant d'être livrés à la boucherie. Ces animaux, appartenant aux races du pays, sont peu productifs comparés à notre bétail.

Nous constatons, d'après un ouvrage „Quatre Etats du Brésil", paru en 1910 chez Lenzinger à Rio de Janeiro et dû à la plume de Julio Pompen, que c'est dans l'Etat de Minos-Geraes que la race de Schwyz est la plus répandue. Voici ce que l'auteur ajoute: „Il est incontestable que les meilleures races de bétail pour la production et pour le croisement sont celles de *Schwyz*, de *Devon* et *Flamengo*, qui sont bonnes non pas seulement pour la viande et le lait, mais aussi pour le trait."

A l'Exposition de bétail qui eut lieu en 1908 à Bello Horizonte, la capitale de l'Etat, figuraient aussi, parmi les 91 animaux exposés, des sujets de la race suisse tachetée rouge. Nous n'avons rencontré aucun sujet de notre race; ici et là quelques animaux rappelant par le manteau la race du Simmental, mais ayant pris plutôt la conformation des races autochtones (Caracu) ou du Zébu. Au Brésil, les bêtes de race brune, connue sous le nom de „race de Schwyz", sont déjà en assez grand nombre, soit pures, soit croisées et sont estimées pour leurs qualités laitières. C'est bien dans l'Etat de Minas-Geraes et dans celui de Sao Paulo que les animaux des races suisses, notamment ceux de race brune, ont le plus de chance de prospérer.

A notre regret, nous n'avons pu nous rendre compte nulle part de la qualité de l'herbage, puisque la végétation était arrêtée. C'est un gros désavantage évidemment; par contre, cette époque de l'année est celle qui est la plus favorable à l'Européen pour parcourir le pays. Mais nous estimons que la Facenda de M. Carneiro est absolument appropriée à des essais d'acclimatation et d'adaptation de notre bétail. Il faudrait encore trouver une autre exploitation avec pâturage de montagne, mais la situation, à tous les points de vue, ne saurait être aussi avantageuse que celle du domaine de M. Carneiro. Ajoutons que le bétail, Herefords purs ou croisés, était en bon état. En parcourant à cheval le domaine, nous avons vu, pour la première fois, une meule de foin énorme, qui sert à l'affouragement des animaux en hiver, c'est-à-dire pendant la saison sèche. Le foin, récolté en état de maturité avancé, est excessivement grossier. On nous assure cependant qu'il est très nutritif, ce qui est confirmé du reste par l'état d'embonpoint des animaux lesquels ne reçoivent aucune autre matière fourragère.

Fatigué de notre excursion, nous rentrions le lendemain matin à Rio de Janeiro pour nous occuper de notre troupeau de bétail dont l'arrivée était attendue.

Pendant dix jours entiers, nous nous sommes rendus à l'Exposition pour tâcher de placer au mieux les animaux qui composaient le transport. Grâce au bienveillant concours de M. Octavio Carneiro, nous avons enfin réussi à les vendre tous, comme nous l'avons déjà mentionné.

Pendant l'Exposition déjà, nous avons eu l'occasion de faire la connaissance de plusieurs éleveurs de l'Etat de *Sao Paulo,* amateurs de bétail suisse de race brune et de race tachetée rouge. C'est ainsi que nous avons eu l'occasion de visiter aussi une Facenda située dans cet Etat, du nom de *„Campo Alto"*, propriété de M. *Martinho Brado*, un des acheteurs d'un des taureaux Simmental. Cette exploitation, comprenant 5000 ha et située à 620 m d'altitude, est considérée comme modèle et constitue certainement le domaine le mieux cultivé de tous ceux que nous avons visités. C'est grâce à l'amabilité de M. Ruffier, membre de la Direction de la Société rurale de Sao Paulo que nous avons pu faire la connaissance de M. Brado. Celui-ci possède plusieurs taureaux de notre race tachetée rouge que lui a fournis, pour la plupart, M. Misson, le directeur de l'élevage bovin de l'Etat de Sao Paulo. Ces taureaux, malgré leur grand âge (l'un d'eux a plus de

La Facenda Gloria. propriété de M. Jules César Lutterbach, dans l'Etat de Rio de Janeiro.

dix ans), sont encore bien conservés et ont gardé leur pouvoir reproducteur. Mais les jeunes taureaux, notamment les deux provenant du propre élevage de M. Brado, âgés de 12 à 15 mois, laissent à désirer au point de vue des formes et du développement; ils sont d'ailleurs trop pâles de manteau. Nous avons été agréablement surpris par les *beaux résultats obtenus par le croisement de sujets de notre race tachetée rouge avec la race du pays Caracu.* Deux bœufs à l'engrais, entre autres, accusant ¾ sang Simmental et ¼ sang Caracu, étaient superbes et ne dépareraint pas une exposition suisse de bétail gras. Ces sujets avaient été primés d'ailleurs au marché-concours de Sao Paulo. Ils n'accusent aucun indice d'impureté de race, ni aux cornes, ni aux oreilles, au mufle ou aux onglons. L'impression laissée sur nous par ces bœufs fut confirmée quelques instants plus tard sur le pâturage où broutaient 80 vaches Caracu issues du croisement avec la race suisse tachetée rouge. Bien que le degré de sang Simmental ne soit plus que de la ½ ou même du ¼, les sujets accusaient, vis-à-vis des Caracu purs, une meilleure conformation, un rendement laitier bien supérieur et un poids s'élevant en moyenne à 200 à 250 kg de plus par tête. La production laitière de ce troupeau est en moyenne de 8 à 9 litres par tête et par jour, tandis qu'elle n'atteint pour les Caracu que 3 à 4 litres. Cet exemple est frappant et nous montre l'influence que peut exercer dans ces régions le sang de notre race tachetée rouge.

Nous eûmes aussi l'occasion à „Campo Alto" d'étudier à part d'autres cultures des tropiques, la culture du café, et d'assister à la cueillette ainsi qu'aux opérations de nettoyage et d'emballage du café, à la fabrication de la farine de manioc, etc.

Mais, si nous voulons, à côté des Anglais, nous assurer un débouché permanent pour notre bétail au Brésil, il nous faudra nous y prendre d'une manière intelligente et logique. Il ne suffira plus d'envoyer de temps à autres des animaux de choix aux Expositions du pays, d'y créer des agences et de vendre à celles-ci ou aux acheteurs venant en Suisse quelques centaines de sujets par année. *Il nous faut créer une Société suisso-brésilienne qui ferait l'acquisition ou louerait un domaine, dans lequel on entretiendrait continuellement un grand troupeau de bétail suisse, en vue de l'immunisation contre la Tristeza et de l'acclimatation des animaux, qui devront s'habituer à vivre dans un autre climat et dans des conditions tout autres que dans leur pays d'origine.* Nous avons la persuasion que si nous réussissions à placer à la tête d'un établissement de ce genre les personnes qu'il faut, auxquelles on adjoindrait des indigènes — dont l'éducation serait à faire —, l'entreprise non seulement aurait un succès financier, mais assurerait à notre élevage un écoulement régulier pour ses produits, *notamment pour ses taureaux et taurillons.* Nous ne connaissons pas d'autre pays au monde qui soit aussi propice à l'élevage du bétail que le Brésil. Les éleveurs éclairés de ce pays reconnaissent en plein que nos races suisses s'approprient mieux que d'autres à améliorer leur bétail. Mais, pour arriver à persuader tous les éleveurs, nous devons leur faire connaître nos races dans leur pays même. A voir les conditions de l'élevage au Brésil, nous ne croyons pas que les races anglaises à viande y prendront pied et réussiront à refouler toutes les autres races, comme ce fut le cas jusqu'à présent en Argentine et dans l'Uruguay. D'autre part, la race hollandaise, exclusivement laitière, qui était représentée par de nombreux sujets dans les fermes situées dans le voisinage des villes, n'a pas donné des résultats aussi favorables que les races suisse à aptitudes combinées. La race brune est numériquement déjà bien représentée au Brésil, mais la qualité des sujets laisse énormément à désirer. La race tachetée rouge, par contre, est très peu connue aussi bien au Brésil qu'en Argentine et dans l'Uruguay.

Les gros propriétaires terriens du Brésil, qui se comptent par milliers, n'ont pas encore l'habitude de mettre pour le bétail sélectionné les prix que paient leurs collègues des deux autres pays pour les sujets des races anglaises. Mais nous sommes persuadés qu'à mesure que l'élevage progressera, que les méthodes culturales et pastorales s'amélioreront, que les procédés de sélection se généraliseront et que les expositions de bétail se tiendront non pas seulement à Rio de Janeiro, mais dans tous les grands centres des autres Etats, les éleveurs brésiliens suivront les traces de leurs collègues.

Pour le moment, le Brésil n'a pas encore trouvé la solution qui convient au pays, au point de vue de la direction à imprimer à l'élevage et des races européennes à choisir pour améliorer les races indigènes. Beaucoup de propriétaires donnent la préférence au *Zébu* importé des Indes. Cette race, excessivement primitive et peu productive en lait et en viande, présente l'avantage pour le Brésil que ses sujets ne demandent aucun soin, sont très sobres et sont résistants aux maladies. Elle peut convenir aux régions qui tiennent du bétail pour la production du fumier, mais, à mesure que les besoins en produits animaux augmenteront dans les autres pays en raison de l'augmentation de la population, le zébu devra faire place aux races européennes dans les fermes du Brésil. En Inde, son pays d'origine, le Zébu est estimé surtout comme bête de trait et de somme. Le nombre des zébus exposés à Rio de Janeiro était, il est vrai, très grand par rapport au chifre des animaux appartenant aux races indigènes ou aux races européennes. Le fait est dû aussi à ce que, durant les années de guerre, les zébus se vendaient bien dans les grands abattoirs et les fabriques de conserves. Mais la demande est en baisse marquée. Les frigorifiques paieront d'autres prix pour les animaux des races sélectionnées que pour les zébus, dont la viande est grossière, peu délicate et d'un rendement très faible.

L'industrie des frigorifiques, qui est à son début au Brésil, va se développer dans des proportions gigantesques. Il existe déjà quelques gros abattoirs, par exemple celui d'*Osasco* près de Sao Paulo, dans lequel on abat 500 bœufs journellement. C'est sans doute peu en comparaison des abattoirs et fabriques de conserves *Swift* à La Plata que nous avons visités et qui abattaient durant la guerre 3500 bœufs et 12,000 moutons par jour. Cependant, *Osasco* exportait, déjà en 1916, 150,000 bœufs en quartiers congelés. Le Brésil possède d'autres frigorifiques à Barretos, également dans l'Etat de Sao Paulo et à Recife ou Pernambouc.

Nous estimons qu'avec le temps, le Brésil deviendra le *principal fournisseur de viande* et supplantera l'Argentine.

Avant la guerre et même en 1916 encore, on ne payait dans l'Etat de Matto-Grosso que 35 à 40 Milreis, soit 45 à 60 francs pour une pièce de bétail. L'année dernière, ce prix était déjà de 170 à 200 francs.

Nos plus grands concurrents sur le marché brésilien seront toujours les Anglais et les Américains du Nord. De fortes associations, à capitaux anglais et américains, se sont déjà fixées dans l'Etat de Sao Paulo pour y installer des abattoirs et des frigorifiques. Quelques fabriques déploient leur activité depuis le commencement de la guerre, d'autres sont en construction actuellement. Il est évident que ces installations favoriseront l'élevage des races anglaises à viande et encourageront donc l'importation au Brésil des animaux de ces races. Ce mouvement aura ceci de bon, c'est qu'il refoulera de plus en plus le zébu. Mais le Brésil est un pays si vaste, dont les régions présentent des conditions climatologiques et agrologiques si variées, que la question du choix des races est loin d'être résolue. Dans l'intervalle, nous ne devons pas rester indifférents. Au contraire, nous devons agir et faire connaître nos races dans ces pays. Si nous procédons intelligemment, *le Brésil peut devenir notre meilleur débouché pour notre bétail,* notamment pour l'élément reproducteur mâle. Les conditions d'écoulement dans les Etats de l'Europe pourront sans doute s'améliorer avec le temps, mais nous craignons fort que la situation peu stable ne dure encore longtemps et que les conditions du change ne restent encore longtemps défavorables.

Le moment est donc venu *de procéder à une grosse action de propagande dans les pays d'outre-mer.* Les prix des terres, au Brésil comme dans tous les autres pays de l'Amérique du Sud, ont augmenté énormément depuis la guerre. La hausse continue d'ailleurs et n'est pas près de s'arrêter. Ce fait est dû à la forte demande en bétail et en viande de la part de l'Europe, dont le résultat a été le *développement énorme qu'ont pris les exploitations agricoles et l'élevage du bétail.*

Aussi, la spéculation est entrée en lice. Tous ceux qui peuvent le faire achètent du terrain, dans l'espoir d'en voir augmenter le prix au bout de peu de temps. L'augmentation du prix des terres durera aussi longtemps que les conditions politiques et économiques de la vieille Europe resteront anormales. Mais après?

Une des *difficultés* contre laquelle nous aurons à lutter consiste dans la *question du transport.* Il est évident que nos concurrents, dont les pays sont à la mer, auront toujours l'avance sur nous au point de vue du transport par eau. Nous devrons chercher à expédier notre bétail assez à temps pour qu'il puisse subir au pays de destination une *période d'acclimatation de deux mois environ.* Il se présentera alors mieux à l'exposition et soutiendra mieux la concurrence. Nous disons ceci pour le bétail d'exposition exclusivement et non pas pour les animaux qui seraient destinés à la ferme d'acclimatation dont nous parlions plus haut.

En passant, nous voudrions dire deux mots de la Ville de Sao Paulo, qui fut notre quartier général durant toute une semaine. Cette cité, capitale de l'Etat du même nom, constitue avec le port de Santos, la principale place de commerce du Brésil. En parcourant cette belle ville, notamment l'„Avenida Paulista", on a l'impression du bien-être ou même de la richesse. D'ailleurs, les habitants de l'Etat de Sao Paulo savent bien vous faire sentir que leur pays est à la tête de tous les Etats qui composent la République brésilienne. La superficie est de 300,000 km², donc de 7½ fois environ plus grande que celle de la Suisse. La population n'atteint toutefois que 3 millions d'âmes environ, composée en majorité d'Italiens. D'après sa latitude (20° à 25°), il devrait appartenir à la région des tropiques, mais grâce à sa configuration et à son altitude (plateau s'élevant à 600 m et même 1000 m par places et s'inclinant vers le Nord-Est) et par les nombreux cours d'eau qui le parcourent dans toutes les directions, son climat, chaud sans doute, est plutôt tempéré. En tout cas, la chaleur n'y est pas excessive comme dans d'autres régions du Brésil.

Sous la conduite d'un des acheteurs de taureau de race brune, l'un des plus grands planteurs de café de l'Univers, nous fîmes quelques excursions intéressantes, entre autres au Poste Zootechnique créé à la périphérie de la ville par M. *Wyssard,* un de nos compatriotes, qui est le directeur de la Compagnie commerciale de Sao Paulo. L'étable modèle de M. Wyssard renferme, en vue de l'immunisation et de l'acclimatation, des sujets importés d'Europe et appartenant aux races Shorthorn, Jersey, Guernsey, Limousine et Hollandaise. D'après ce qu'on nous assure, les résultats obtenus à l'aide de la vaccination contre la Tristeza, opérée par un vétérinaire italien, sont très satisfaisants. M. Wyssard se plaignait toutefois du fait que les éleveurs brésiliens ne voulaient pas payer à leur prix les animaux de races européennes sélectionnées. Il a déclaré qu'il serait disposé à prendre en consignation du bétail suisse et, à cet effet, à entrer en pourparlers avec la Commission des Fédérations suisses de syndicats d'élevage bovin. Nous avons été frappés par l'ordre et la propreté qui règnent dans l'établissement dirigé par M. Wyssard et que nous n'avions pas trouvés dans le Poste de l'Etat à Pinheiro. Cette visite nous a persuadé qu'en procédant avec logique et intelligence dans l'importation au Brésil d'animaux. d'origine européenne, on doit réussir. M. Wyssard est d'avis d'ailleurs qu'on arrive à acclimater les animaux et à les rendre réfractaires à la Tristeza, sans qu'on les soumette au pacage. S'il en est vraiment ainsi, les frais d'acclimatation et d'immunisation ne seraient pas si élevés et l'exemple donné par M. Wyssard sera sans doute imité par d'autres personnes entreprenantes.

Nous visitâmes en outre, à une distance de 25 km environ de Sao Paulo, et sous la conduite de M. Camargo, un établissement d'élevage de l'Etat, le *Cracao Barucry*. Le domaine comprend une superficie de 2000 ha, mais dont une faible partie seulement est mise en culture. On ne compte, dans le troupeau, que 50 sujets de la race brune. Parmi les vaches déjà âgées, mais qui ont conservé leurs formes, nous en voyons plusieurs qui portent la marque métallique fédérale à l'oreille ou la marque de M. Bürgi à Arth. De même un taureau, âgé de quatre ans, a conservé toutes les qualités de la race. On nous présenta aussi un jeune taureau âgé de 18 mois, né et élevé dans les étables de l'établissement. Il se distingue par son développement, sa belle conformation et surtout par une tête réellement idéale et caractéristique.

Au moment où nous parcourions les étables, un employé est venu annoncer l'apparition de la fièvre aphteuse sur deux sujets. Nous avons, en effet, vu ces deux animaux, qui présentaient tous les symptômes de la maladie. Mais l'affection régnant dans ces pays pour ainsi dire à l'état endémique, on n'y prend pas garde. La virulence est du reste très atténuée, de sorte que les animaux atteints ne souffrent pas comme chez nous. On nous dit cependant que la fièvre aphteuse a eu causé de gros dommages. Il est vrai d'ajouter que la maladie est plus difficile à traiter et à combattre durant les mois d'hiver, disons de sécheresse, c'est-à-dire de juin à août.

En rentrant de São Paulo à Rio de Janeiro, nous eûmes l'occasion encore de visiter les propriétés de deux de nos compatriotes, très honorés au Brésil, MM. *Rud. Hess* et *Müller-Merian* à *Passaquatro*. Le chemin de fer à voie étroite que nous prenons à la gare de Cruceiro pour nous y rendre gravit avec peine en nombreux lacets la pente assez forte de la montagne. Jusqu'à 600 m, on rencontre de nombreuses plantations de café, plus haut, ce sont des buissons, des taillis ou le pâturage. A partir du point culminant, la vallée que nous suivons s'élargit vers le Nord et à 10 minutes de la petite ville de Passaquatro, dans une situation charmante, se trouve la Facenda de M. Hess. Attenant à ce domaine se trouve la propriété d'agrément de M. Müller-Merian, qui est au Brésil depuis bientôt 30 ans. Le séjour là-haut, à 1000 m d'altitude, y est très agréable. Le thermomètre baisse de plusieurs degrés même pendant les nuits d'été, alors que dans les villes de la plaine, notamment à Rio de Janeiro, la chaleur reste étouffante.

M. Hess a arrondi son domaine par des achats successifs de terrain et l'a porté aujourd'hui à 800 ha environ. De toutes les propriétés visitées au Brésil, aucune ne nous a autant plu, au point de vue de l'élevage du bétail, que celle-ci; l'herbage y est bon et les pâturages bien situés. Comme la plupart des Brésiliens fortunés, M. Hess pratique l'agriculture en amateur. Son troupeau est composé uniquement de bêtes Caracu croisées, qu'il tient essentiellement pour la production du fumier nécessaire à la fumure de son vignoble, qui compte plus de 21,000 ceps. M. Hess est un des premiers qui ait introduit au Brésil la culture de la vigne. Le vin rouge produit est agréable à boire et présente une certaine analogie avec les vins tessinois. Toutes les installations du cellier et de la cave sont absolument modernes.

On pourrait faire du domaine de M. Hess un établissement d'élevage par excellence, à condition de disposer d'un capital suffisant, des connaissances voulues et de la persévérance nécessaire. Nous avons pu admirer la richesse et la puissance de la végétation forestière et autre et en avons conclu que si ces immenses surfaces en grande partie délaissées étaient cultivées rationnellement, ce pays pourrait devenir un des plus beaux pays d'élevage. Nous aurions bien voulu faire encore l'ascension d'un sommet de 1700 m à une certaine distance de l'endroit où nous nous trouvions, car l'aspect de ces montagnes nous rappelait certaines parties de la Suisse, mais le temps pressait, et nous devions songer au retour. Nous avons l'impression qu'un jour viendra où tous ces terrains seront cultivés ou aménagés en pâturages et rapporteront de gros bénéfices à ceux qui sauront en tirer parti. Il faudra alors améliorer aussi les troupeaux et élever des animaux plus productifs que ceux du pays. Nous répétons qu'en bien des endroits tout est à l'état primitif au Brésil et que tout est à créer. Mais, à mesure que la population augmentera, la nécessité de défricher et d'utiliser toutes ces immenses surfaces, qui ne demandent qu'à produire, se fera sentir d'une manière toujours plus pressante.

Si le domaine de M. Hess présente de gros avantages (qualité du terrain, situation, altitude), il offre, par contre, l'inconvénient d'être éloigné de tout centre. Il n'est d'ailleurs pas à vendre, de sorte qu'il ne faudrait plus y songer pour créer la ferme modèle que nous avons en vue.

Mentionnons enfin le fait que le soussigné a été appelé à présenter le samedi 24 juillet à la réunion de la Société nationale d'agriculture à Rio de Janeiro un exposé sur les races suisses bovines, sur leurs aptitudes, leurs avantages, etc., et sur l'organisation des syndicats d'élevage en Suisse. Bien que la séance eut lieu après la clôture de l'Exposition, elle fut assez fréquentée. Le Ministre de l'Agriculture, M. le Dr. Simoes Lopes, a bien voulu nous honorer de sa présence. Dans les quelques paroles adressées à l'auditoire, il a exprimé sa satisfaction de voir de nouvelles relations commerciales s'ouvrir entre le Brésil et la Suisse, a remercié le conférencier de tous les bons conseils qu'il a donnés au point de vue de l'élevage et a déclaré que l'exposé serait traduit en portugais pour être imprimé.

Avant de mettre le point final à notre rapport sur les constatations faites au Brésil et sur la propagande déployée en faveur de notre bétail et de poursuivre notre récit sur les observations faites également dans les deux autres Etats de l'Amérique du Sud qui nous intéressent, nous devons rappeler que peu de temps après notre arrivée à Rio de Janeiro, nous recevions, par l'entremise de la Légation suisse, un télégramme émanant de notre représentant à Buenos Aires, M. Ed. May. Celui-ci nous disait qu'il avait fait des démarches auprès de la Commission des Fédérations suisses des syndicats d'élevage bovin pour que la Suisse soit représentée par un troupeau bovin à l'Exposition internationale du bétail prévue pour le commencement de septembre à Buenos Aires. Un second télégramme nous parvenait tôt après, venant de Suisse, dans lequel la Commission nous apprenait qu'une invitation officielle était arrivée pour l'envoi d'un lot d'animaux à la dite Exposition. Le soussigné en a conféré immédiatement avec ses deux compagnons et tous furent d'avis que, vu le peu de temps à disposition et les expériences faites au sujet du convoi destiné à l'exposition de Rio de Janeiro, il était préférable de renoncer au projet. Nous avons donc, par voie télégraphique, répondu dans ce sens à la Commission et à notre représentant.

D'ailleurs, le résultat de notre visite à l'Exposition de Buenos Aires a confirmé en plein notre appréciation de la situation. A côté des animaux exposés à ce concours — qui est un des plus importants du monde entier —, les nôtres, qui seraient arrivés au dernier moment, fatigués, éprouvés et amaigris par une traversée de 40 jours environ, auraient vraiment fait triste figure. C'eût été un fiasco complet, que nous n'aurions plus réussi à effacer. Un pays qui veut faire de l'exportation et qui cherche de nouveaux débouchés, ne se lance pas tête baissée dans une entreprise de ce genre. Nous ne devons participer à des expositions de l'étranger, surtout des pays d'outre-mer, que si notre bétail, bien choisi et bien trié, peut être expédié à temps, de manière à pouvoir se remettre de ses fatigues et, en quelque sorte, à s'acclimater avant l'ouverture de l'exposition.

Lorsque nous quittions la Suisse, au milieu de juin, nous pensions, avec nos compagnons, être de retour au plus tard vers le milieu de septembre. Nous ne songions donc pas à nous rendre aussi en Argentine et dans l'Uruguay et à visiter l'Exposition du bétail de Montevideo (fin août) et celle de Palermo (Buenos Aires) au commencement de septembre. Mais, une fois sur place, il eût été incompréhensible que le gérant de la Commission des Fédérations suisses des syndicats d'élevage bovin s'en revint au pays sans s'être rendu compte de l'élevage dans ce pays, où l'élevage des races à viande est en honneur. En effet, un voyage aussi long et aussi coûteux, disons aussi fatigant et ruineux pour la santé, ne se fait d'ordinaire qu'une seule fois. Nous avions fait la connaissance sur le vapeur qui nous avait amené à Rio de Janeiro d'un grand commerçant d'origine hollandaise et fixé depuis 20 ans à Buenos Aires, lequel importe en Argentine du bétail d'élevage anglais et exporte du bétail de boucherie. Ce négociant nous avait recommandé de visiter à fin août et commencement de septembre les grandes expositions de bétail organisées à Montevideo et à Buenos Aires. Nous n'avons pas manqué d'étudier avec nos compagnons de route, la possibilité de nous rendre aussi dans ces pays. Cette question fut résolue dans le sens affirmatif le 17 juillet, à l'arrivée du télégramme de la Commission des Fédérations des syndicats d'élevage bovin, par lequel le soussigné était invité à faire visite à notre représentant en Argentine.

Nous quittons donc le Brésil le 15 août, à bord du vapeur hollandais „Limburgia“. Après quatre jours de traversée, nous arrivions à Montevideo, où nous sommes reçus par des membres du Comité de la Société rurale, bien que nous n'ayons aucune mission officielle en Uruguay. Ces Messieurs se sont empressés de nous être agréables en tous points et de nous faire voir tout ce qui pouvait nous intéresser dans toute la région entourant la capitale uruguéenne (visite de domaines, d'exploitations diverses etc.) ; ce qui nous a intéressé au plus haut point, ce sont les nombreuses ventes publiques à l'enchère ou ventes à l'encan du bétail d'élevage des races Hereford et Shorthorn, qui ont lieu avant l'ouverture de l'Exposition (en août et en septembre de chaque année).

On a chez nous déjà proposé d'instituer des ventes analogues de bétail d'élevage. Sans doute que les conditions sont tout autres dans l'Amérique du Sud que chez nous, puisque les animaux mis en vente appartiennent tous aux gros propriétaires fonciers. Et cependant, cette institution qui existe aussi bien à Buenos Aires qu'à Montevideo mérite d'être étudiée sérieusement C'est sans doute grâce à elle que les éleveurs ont obtenu avec le temps les prix parfois exorbitants payés pour les reproducteurs purs de race. Lorsqu'on lisait en Suisse que des taureaux des races précitées avaient, dans ces ventes, atteint le prix de fr. 50,000, fr. 80,000 ou même 100,000 francs, on considérait la nouvelle comme un simple canard. Le 11 septembre, jour de notre départ, dans la vente qui eut lieu à Buenos Aires, le taureau Shorthorn, premier primé, s'est vendu 110,000 Pesos, c'est-à-dire fr. 270,000.— au cours du jour. Ce prix fabuleux n'avait, il est vrai, jamais été atteint. D'autres taureaux ont atteint les prix de fr. 70,000, fr. 100,000,

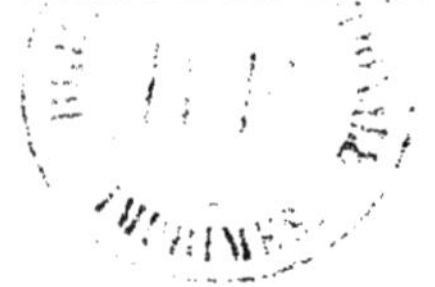

fr. 120,000, fr. 130,000, fr. 150,000, fr. 180,000, fr. 200,000, fr. 220,000 et 250,000 francs.

Ces prix sont évidemment exagérés et disproportionnés avec la valeur réelle de la bête. Ceci n'empêche pas que les Estancieros argentins obtiennent d'année en année des prix plus élevés pour leurs reproducteurs des races anglaises. Ce sont là des prix que nous ne verrons jamais chez nous, et nous ne les citons pas pour faire naître chez nos éleveurs des espoirs irréalisables. Mais nous disons que la *question de l'institution d'enchères à l'encan pour les taureaux et taurillons de bonne ascendance et primés en bon rang aux marchés-concours des Fédérations mérite d'être étudiée sérieusement.* Pourquoi ne pourrions-nous pas arriver chez nous, aussi bien qu'ailleurs, à réaliser pour les sujets de premier choix dont l'ascendance remonte à plusieurs générations et appartenant aux meilleures lignées de sang, des prix supérieurs à ceux obtenus actuellement, c'est-à-dire des prix qui soient en rapport avec la valeur de l'ascendance, avec l'aléa couru et les frais d'élevage. Alors même que nos races suisses n'offrent pas le degré d'homogénéité des Shorthorn par exemple, il n'en est pas moins vrai que, dans les bons élevages, elles ont atteint un degré élevé de perfection et une puissance héréditaire bien assise.

Remarquons bien qu'en mettant des prix aussi élevés pour un reproducteur, l'éleveur argentin ou uruguéen paie le sang, la bonne et vieille origine de l'animal, documentée par des attestations de toute authenticité. La passion et l'amour-propre jouent évidemment aussi un certain rôle dans ces enchères, mais le point principal c'est l'assurance d'avoir un taureau qui *transmettra sûrement et ses propres qualités et celles de ses ancêtres.* Le gérant de la Commission des Fédérations suisses d'élevage bovin qui, de tout temps a défendu l'idée de *créer un seul Herd-Book pour toute la zone d'élevage de la race,* est revenu de son voyage absolument convaincu de la justesse de cette revendication. Bien que le territoire de l'Argentine soit environ 70 fois plus grand que celui de la Suisse, aucun éleveur n'aurait l'idée de demander la création de plusieurs Herd-Books pour les races importées d'Angleterre et dont l'élevage a été continué avec tant de succès dans ce pays. Ne nous rendons donc pas ridicules envers les éleveurs du monde entier, en voulant établir un Herd-Book par région ou par canton!

Les recherches que nous avons faites en Argentine et dans l'Uruguay ont établi que toutes les mesures prises au sujet des Herd-Books partent du même endroit et sont uniformes pour tous les éleveurs de la même race. Il n'y a donc qu'un seul Herd-Book pour la race Shorthorn, pour la race Hereford ou pour la Aberdeen-Angus. Dans le Herd-Book Shorthorn de l'Argentine, seuls les sujets dont l'origine remonte au Herd-Book anglais institué en 1850 — le premier du genre — peuvent y être admis. A part l'Angleterre, aucun autre pays du monde que l'Argentine n'attache une aussi grande importance à l'origine des animaux. Le Brésil lui en est à ses débuts; mais il s'occupe déjà de la question et s'intéresse à tout ce qui se passe chez ses voisins en matière d'élevage; ainsi le Ministère de l'Agriculture aussi bien que la Société nationale d'Agriculture avaient envoyé des délégués aux Expositions bovines de Montevideo et de Buenos Aires. Le président de cette Société n'était autre que M. Jules César Lutterbach, un Suisse né au Brésil, avec lequel nous avons fait bonne connaissance.

Dans tous les Etats de l'Amérique du Sud, on déploie de gros efforts en vue de *l'amélioration systématique de l'élevage bovin.* Nous avons sans doute l'avantage de posséder des pâturages de montagne de première qualité et une production herbagère abondante et nutritive. Mais ne croyons pas que nous n'avons plus aucun progrès à réaliser! Prenons y bien garde! A voir ce que d'autres pays, surtout ceux dont nous parlons, ont fait pendant la guerre en matière d'élevage du bétail, de production laitière, de fabrication beurrière et fromagère, nous pourrions bien, avant qu'il soit longtemps, ressentir les effets de tant d'efforts et de progrès. Nous devons donc, de plus en plus, améliorer notre production animale et notamment notre industrie laitière. Vouons tous nos soins particulièrement à la *fabrication du fromage*. Nous ne pourrons maintenir nos débouchés qu'en produisant des fromages de première qualité.

L'Uruguay qui, auparavant faisait partie du Brésil, a suivi plus tard l'exemple de la République argentine dans les mesures prises pour améliorer l'espèce bovine et dans l'organisation des grandes Expositions annuelles. Et cependant, à en juger d'après les animaux exposés au concours de 1920 — qui était le 15ᵉ du genre — les résultats obtenus en si peu de temps sont très réjouissants. L'élevage uruguéen s'est porté notamment sur la race *Hereford;* on a l'impression que les éleveurs savent exactement dans quelle direction ils doivent conduire leur élevage; ce sont d'ailleurs de gros propriétaires fonciers, dont les domaines accusent 10,000, 20,000 jusqu'à 50,000 ha. Le sol en est très fertile et produit abondamment sans aucun engrais. A part les Hereford, qui ont la préférence, on ne rencontre que les Shorthorn, à l'exclusion pour ainsi dire d'autres races européennes. Ainsi, à l'Exposition de Montevideo figuraient 104 taureaux Hereford, 93 Shorthorn et 5 de race Normande (desquels un taureau âgé de 2½ ans de très bonne qualité). Il y avait encore, mais à titre de curiosité sans doute, un taureau Jersey et un de la race Dexter. L'Uruguay n'élève donc à peu près que du bétail à viande pour les frigorifiques. Les produits laitiers viennent en grande partie du dehors; ainsi le beurre consommé à Montevideo est fabriqué avec de la crème importée de l'Argentine. La hausse des prix de la viande, durant la guerre, a provoqué naturellement une hausse des prix du bétail de boucherie, ce qui a engagé les éleveurs uruguéens à produire notamment de la viande. On aura donc de la peine, pour le moment du moins, à introduire d'autres races dans ce pays. Les puissantes maisons Swift et Armour ont créé à Montevideo d'immenses installations frigorifiques qui en disent long sur la direction imprimée à l'élevage dans l'Uruguay.

Dans la République argentine, par contre, les conditions de l'élevage sont tout autres. Bien que les races anglaises à viande, Shorthorn, Hereford, Polled et Aberdeen Angus, tiennent encore le haut du pavé, on commence cependant depuis quelques années à vouer plus d'attention aux races à aptitudes combinées. Ainsi, le Gouvernement et la Société rurale organisent en mai 1921 une Exposition de bétail de races laitières, à laquelle est jointe une exposition de produits laitiers et d'instruments et machines d'industrie laitière. Notre pays devrait sans tarder un instant prendre les dispositions nécessaires pour envoyer à cette exposition un lot choisi composé d'animaux des trois races principales.

Alors que le bétail de race brune est absolument inconnu en Argentine, ce pays possède quelques sujets de la race tachetée noire fribourgeoise; ces animaux avaient été importés il y a quelques années par un M. Genoud, originaire du canton de Fribourg. Les sujets qu'il avait exposés au concours de Parlermo accusaient des signes évidents de dégénérescence. M. Genoud a reconnu le fait et se proposait l'an dernier d'envoyer son fils en Suisse pour y acheter quelques taureaux dans le canton de Fribourg. Malheureusement, l'apparition de la fièvre aphteuse dans ce canton a empêché de réaliser ce projet.

Mais on ne connaît en Argentine la race tachetée rouge que de nom. Une place lui est réservée à la prochaine exposition. Nous avons appris, non sans quelque étonnement, que des éleveurs de l'Amérique du Nord exportaient dans la République argentine du bétail suisse de race brune, sous le nom de „Brown Swiss“. Ainsi, alors que nous avons de la peine de vendre nos propres animaux, nous voyons que les éleveurs d'un autre pays se servent de notre nom pour écouler leur bétail. Nous devons donc ouvrir l'œil et faire connaître nos races par l'envoi de lots choisis aux Expositions qui se tiennent dans ces pays. Cela coûtera de l'argent, c'est vrai, mais qui n'ose rien n'a rien.

D'ailleurs, la visite faite à l'Exposition grandiose ouverte le 4 septembre à Buenos Aires, en la présence des autorités, nous a *convaincu de la nécessité qu'il y a de participer aux expositions de bétail de l'Amérique du Sud.* Si l'affaire est bien organisée et à supposer que nous n'ayons pas de mécomptes pendant la longue traversée, surtout pas au point de vue des maladies contagieuses qui courent le monde entier, l'exportation d'un lot d'animaux de races suisses serait rentable et offrirait l'immense avantage de faire connaître nos races dans un pays dont le climat conviendrait à leur élevage et dont les éleveurs ont l'habitude de payer les hauts prix pour des animaux sélectionnés.

Si nous considérons les efforts que déploient les éleveurs hollandais et français et, depuis quelques années aussi, les éleveurs de l'Amérique du Nord pour placer leur bétail moins approprié que le nôtre et d'ailleurs moins demandé, *nous ne pouvons plus rester indifférents.*

Nos éleveurs de bétail de race qui commencent à se désespérer par suite de la mévente des produits de l'élevage, doivent être encouragés et doivent obtenir des prix plus rémunérateurs pour leurs bêtes. L'augmentation doit au moins être correspondante à la majoration de la valeur des terres et au renchérissement de la vie en général qui atteint autant les habitants des montagnes que ceux de la plaine. Nous ne voulons pas dire que les meilleurs reproducteurs doivent suivre le chemin de l'étranger. Non, il ne faut pas tuer la poule aux œufs d'or. Dès l'instant que nos races auront été avantageusement introduites dans les pays d'outre-mer, les éleveurs qui s'intéresseront à elles achèteront des animaux de toute catégorie. L'important, pour l'Argentine surtout, c'est que les animaux soient *sains et robustes et aient pâturé en montagne,* car, là-bas, le bétail est dehors toute l'année, à part les bêtes d'exposition.

La république Argentine et l'Uruguay se sont lancés exclusivment dans l'élevage des races anglaises à viande. Partout, dans toutes les vastes exploitations agricoles de ces pays, on ne rencontre que les Hereford, les Shorthorn et les Aberdeen-Angus. Les qualités laitières de ces races sont très minimes; par contre l'aptitude à l'engraissement est très développée. Les sujets de ces races se distinguent par leur grande précocité; les jeunes animaux déjà accusent un fort développement. La viande en est fine, peu colorée, mais généralement trop grasse. On remarque déjà sur les animaux sur pied les amas adipeux à la pointe des hanches et des fesses. Toute la production bovine, dans ces pays, est donc dirigée du côté de l'engraissement et de la viande. Il faudrait évidemment, pour que les éleveurs se décident à imprimer une autre direction à leur élevage, que des circonstances particulières viennent à les y obliger.

C'est pourquoi, nous n'osons guère nous faire beaucoup d'illusions au sujet des résultats que nous obtiendrons à l'Exposition de Buenos Aires en 1921 avec nos races suisses à aptitudes combinées. Nous n'arriverons sans doute jamais à atteindre dans notre élevage l'uniformité de conformation qu'accusent les races anglaises à viande.

Jusqu'à présent, le principal obstacle à la participation de la Suisse aux expositions de bétail de la République argentine consistait dans les *mesures rigoureuses prises par la police des épizooties.* Mais, depuis que nous avons pu nous rendre compte sur place des moyens employés, nous n'avons plus lieu de craindre les visites sanitaires des vétérinaires argentins, si du moins elles s'opèrent dans les limites strictement scientifiques. Nous n'avons du reste nullement lieu de douter que le gouvernement, puisqu'il invite notre pays à participer à l'Exposition, donnera les ordres nécessaires pour que le service vétérinaire applique les dispositions sur la matière dans un sens qui permette effectivement l'admission de nos animaux.

Relativement aux cas de fièvre aphteuse survenant dans une exposition, nous voudrions toucher un point qui peut avoir son importance. A l'Exposition de Buenos Aires comprenant par milliers les meilleurs reproducteurs des espèces bovine, ovine et caprine du pays, la maladie, comme nous venons de le voir, s'est déclarée parmi les animaux exposés. Ce fut déjà le cas en 1919 d'ailleurs. Personne ne songerait là-bas à abattre tous les sujets figurant à l'Exposition comme on aurait la tendance de le faire chez nous, d'après les avis exprimés par certains. Nous devons bien nous rendre compte des mesures qu'il y aurait lieu de prendre si jamais nous devions avoir le malheur de voir l'affection aphteuse éclater dans un de nos marchés-concours de taureaux. Les expériences recueillies lors des abatages en masse dans notre propre pays, nous indiquent que nous devons renoncer d'emblée à ce système expéditif sans doute, mais qui peut avoir les plus grosses conséquences pour l'élevage d'un pays. Nous risquons de propager la maladie, c'est vrai, mais nous conservons à l'élevage des sujets dont celui-ci a besoin pour prospérer.

Les diverses races étaient représentées comme suit à l'Exposition de Palermo:

| | |
|---|---|
| 1. Shorthorn | 1315 |
| 2. Polled-Durham | 4 |
| 3. Hereford | 229 |
| 4. Aberdeen-Angus | 130 |
| 5. Red Polled | 2 |
| 6. Red Shorthorn | 4 |
| 7. Flamande | 9 |
| 8. Jersey | 4 |
| 9. Normande | 11 |
| 10. Fribourgeoise | 7 |
| 11. Hollandaise-Frisonne | 31 |
| 12. Holstein-Frisonne | 34 |
| Total | 1780 |

En Argentine comme dans l'Uruguay, les expositions annuelles de bétail sont organisées non pas par l'Etat, mais par les Sociétés d'agriculture. La Société rurale d'Argentine doit être très riche; en effet, les bâtiments qu'elle a fait construire à cet effet, quoique plus modestes que ceux de Montevideo, représentent une valeur de plusieurs millions de francs. Ce sont aussi ces sociétés qui sont chargées de la tenue et de la surveillance des Herd-Books et, en général, des registres généalogiques en usage pour toutes les espèces animales. Ce sont ces sociétés qui prennent l'initiative des efforts déployés pour améliorer l'agriculture dans tous les domaines. En font partie du reste tous les gros propriétaires terriens de la République.

Depuis que les expositions du bétail ont été instituées, notamment depuis l'Exposition du Centenaire en 1910, l'appréciation des sujets exposés a toujours été effectuée par des *jurés anglais*, c'est-à-dire par ceux-là mêmes qui fournissent les animaux sélectionnés. Ce ne sont donc pas des gens du pays qui sont désignés pour faire partie du jury; les sociétés font appel à des étrangers, qui, évidemment, présentent plus de garantie au point de vue de l'impartialité. Le Brésil suit également l'exemple de ses voisins depuis l'année dernière. Les jurés anglais, dès leur arrivée, ne sont plus lâchés par les membres de la Société rurale chargés de les recevoir, afin qu'ils n'aient aucun contact avec les exposants. Ils ne reçoivent d'ailleurs aucun catalogue et n'osent pas en consulter jusqu'à ce que les opérations du jury soient terminées. Pendant la durée de celles-ci, ni les exposants, ni le public, ne peuvent pénétrer dans les écuries ou dans l'enceinte du jury. Par contre, les animaux peuvent être fourragés, soignés et présentés par les gardiens fournis par les exposants; ces employés portent tous le même costume et sont placés sous la surveillance d'un chef d'écurie. L'exposition n'est ouverte que lorsque les opérations du jury sont terminées.

En ce qui concerne *l'état d'embonpoint des animaux destinés à une exposition,* question qui a été débattue souvent chez nous, en Allemagne et ailleurs, il y a lieu de remarquer que, dans les pays de l'Amérique du Sud, notamment en Argentine, les sujets exposés sont tous *fins gras.* Les reproducteurs (mâles et femelles), primés en tête de liste surtout, représentent le type de l'animal *engraissé à fond.* Si l'on demande l'avis des éleveurs, tous reconnaissent qu'au fond cette pratique ne devrait pas être tolérée; ils admettent que cet état d'engraissement nuit évidemment à la santé et au pouvoir reproducteur d'un taureau. Mais l'habitude est prise, de sorte qu'un reproducteur qui n'est pas gras n'a aucune chance d'être primé. Nous n'irons donc pas en Argentine pour apprendre de quelle façon on doit préparer un animal pour le présenter au concours; mais les éleveurs argentins sont passés maîtres sur d'autres points; on sent qu'ils ont été à l'école des Anglais.

* * *

Arrivé à la fin de notre rapport — dont l'ampleur dépasse le cadre que nous nous étions tracé — il nous reste l'agréable devoir de présenter nos sincères remerciements et l'expression de notre profonde reconnaissance aux autorités, magistrats, fonctionnaires et particuliers, qui ont bien voulu, durant notre séjour dans l'Amérique du Sud, nous faciliter notre tâche et nous être agréable. Nous songeons particulièrement à M. le Ministre de l'Agriculture du Brésil, à l'infatigable et dévoué Président de l'Exposition de Rio de Janeiro, M. le Dr. Octavio Barboza Carneiro, qui a été notre introducteur auprès des éleveurs brésiliens. Nos remerciements s'en vont aussi à tous les éleveurs du Brésil, de l'Argentine et de l'Uruguay qui nous ont reçu à bras et cœurs ouverts et à nos nombreux compatriotes établis là-bas, dont les conseils nous ont été fort précieux. Nous sommes également reconnaissants à nos Légations de Rio de Janeiro et de Buenos Aires et au Consulat suisse de Sao Paulo pour l'appui que nous avons rencontré auprès d'eux et pour l'intérêt qu'ils ont témoigné à nos efforts.

---

www.ingramcontent.com/pod-product-compliance
Ingram Content Group UK Ltd.
Pitfield, Milton Keynes, MK11 3LW, UK
UKHW020541180726
13839UKWH00006B/2656